生活中的数学

撰文/林勇吉　　审订/洪万生

中国盲文出版社

怎样使用《新视野学习百科》?

请带着好奇、快乐的心情，
展开一趟丰富、有趣的学习旅程！

1 开始正式进入本书之前，请先戴上神奇的思考帽，从书名想一想，这本书可能会说些什么呢?

2 神奇的思考帽一共有6顶，每次戴上一顶，并根据帽子下的指示来动动脑。

3 接下来，进入目录，浏览一下，看看这本书的结构是什么，可以帮助你建立整体的概念。

4 现在，开始正式进行这本书的探索啰！本书共14个单元，循序渐进，系统地说明本书主要知识。

5 英语关键词：选取在日常生活中实用的相关英语单词，让你随时可以秀一下，也可以帮助上网找资料。

6 新视野学习单：各式各样的题目设计，帮助加深学习效果。

7 我想知道……：这本书也可以倒过来读呢！你可以从最后这个单元的各种问题，来学习本书的各种知识，让阅读和学习更有变化！

神奇的思考帽

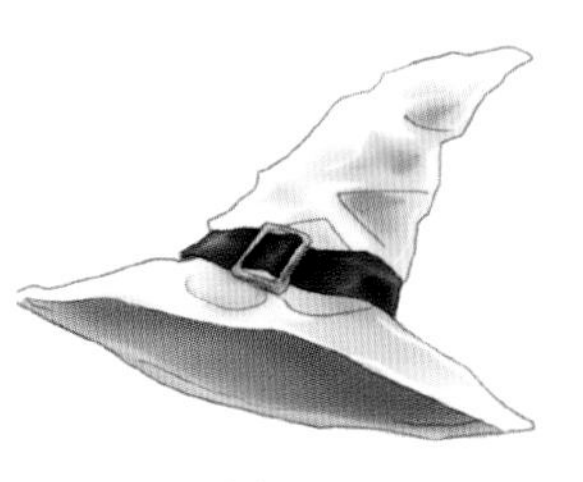

客观地想一想

用直觉想一想

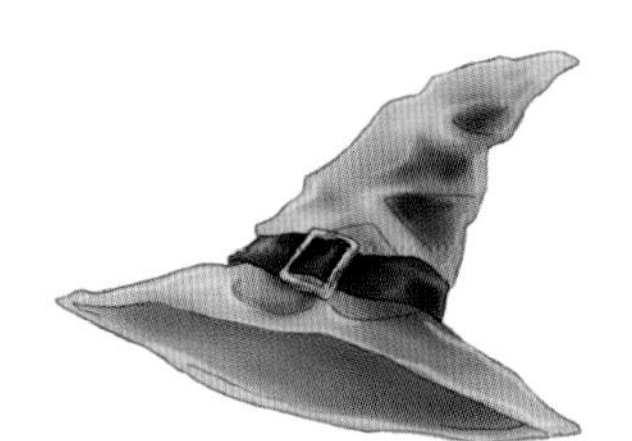

想一想优点

想一想缺点

想得越有创意越好

综合起来想一想

? 在日常生活中，哪些事物和数学有关？

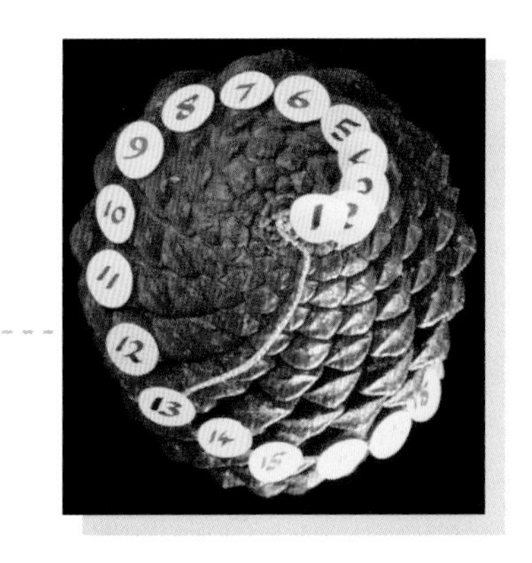

? 我们为什么要学数学？

? 数学对人类的生活有什么正面的影响？

? 你认为数学难学吗？

? 画家蒙德里安用几何图形来创作，你也试试看。

? 数学还会有新发展吗？

目录

神奇的思考帽

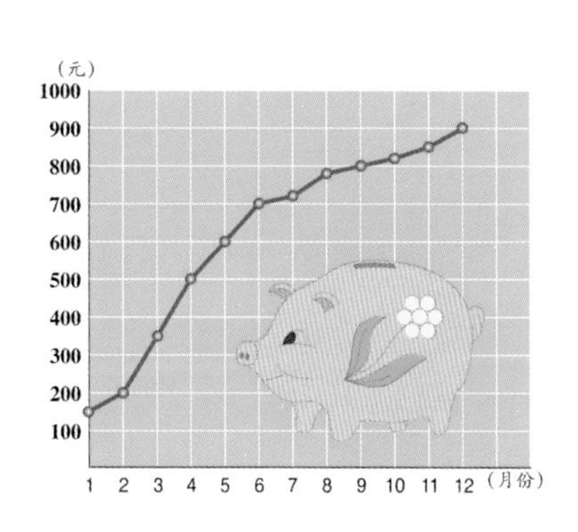
(元)
1000
900
800
700
600
500
400
300
200
100
1 2 3 4 5 6 7 8 9 10 11 12
(月份)

CONTENTS

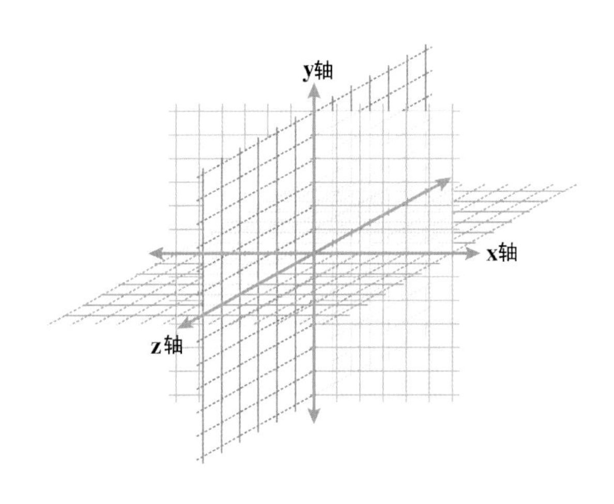

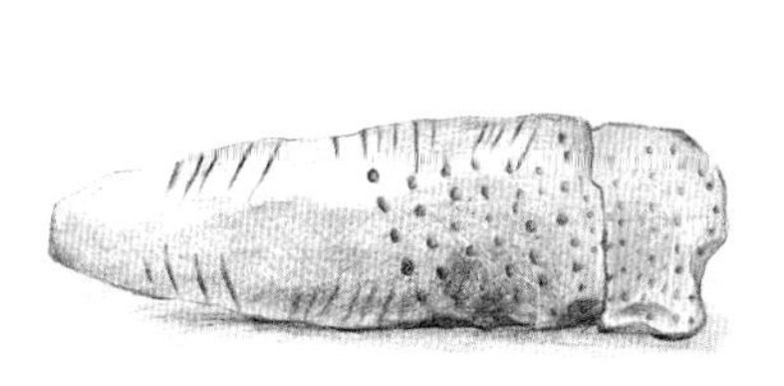

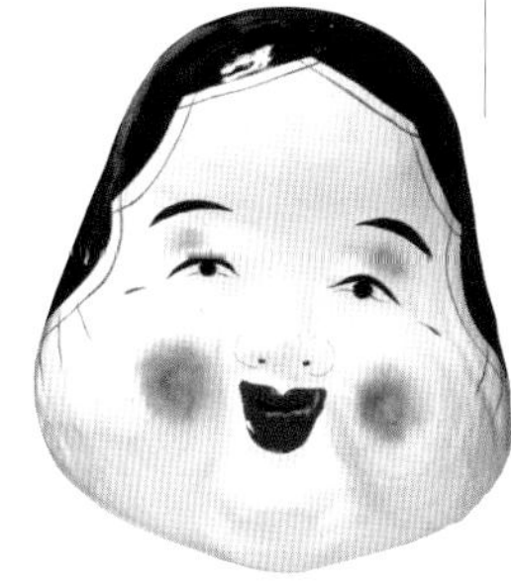

■专栏

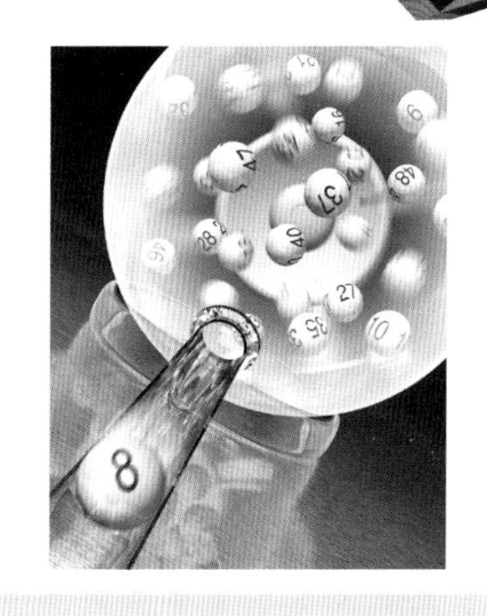

单元1

数学的发展

（图片提供/达志影像）

数学与我们的生活息息相关，它能帮助我们解决许多生活中的问题，因此早在有文字以前，人们就已经懂得运用数学。

生活经验的数学

一般认为数学是起源于人类实际生活需要，因此最早期的数学偏重“计数”与“测量”。史前人类虽然还没有使用数字，但已有数的意识，他们在石头、木头或动物骨头上刻痕，以记录数量，换句话说，就像在做记号一样，一个物品就给一个刻痕。当然，这种方法很不方便，因此后来便发展出数字和系统化的计数方法，如十进位制、十二进位制等。另外一方面，由于灌溉、排水、分配土地等农业需求，人类很自然地从测量的工作，逐步发展了关于几何的知识，例如古埃及（约3200B.C.—343B.C.）的尼罗河每年泛滥后，古埃及人需要重新划定土地的界线，他们据此发展出许多相关的几何知识，例如直角三角形的测量方法和面积的计算方法等。

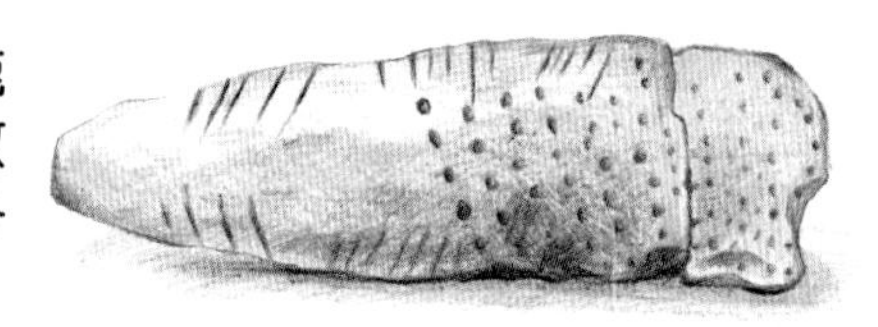

旧石器时代刻有切痕的鹿角，上面刻着代表交易数量的条纹，由买卖双方各持一块。（插画/张文采）

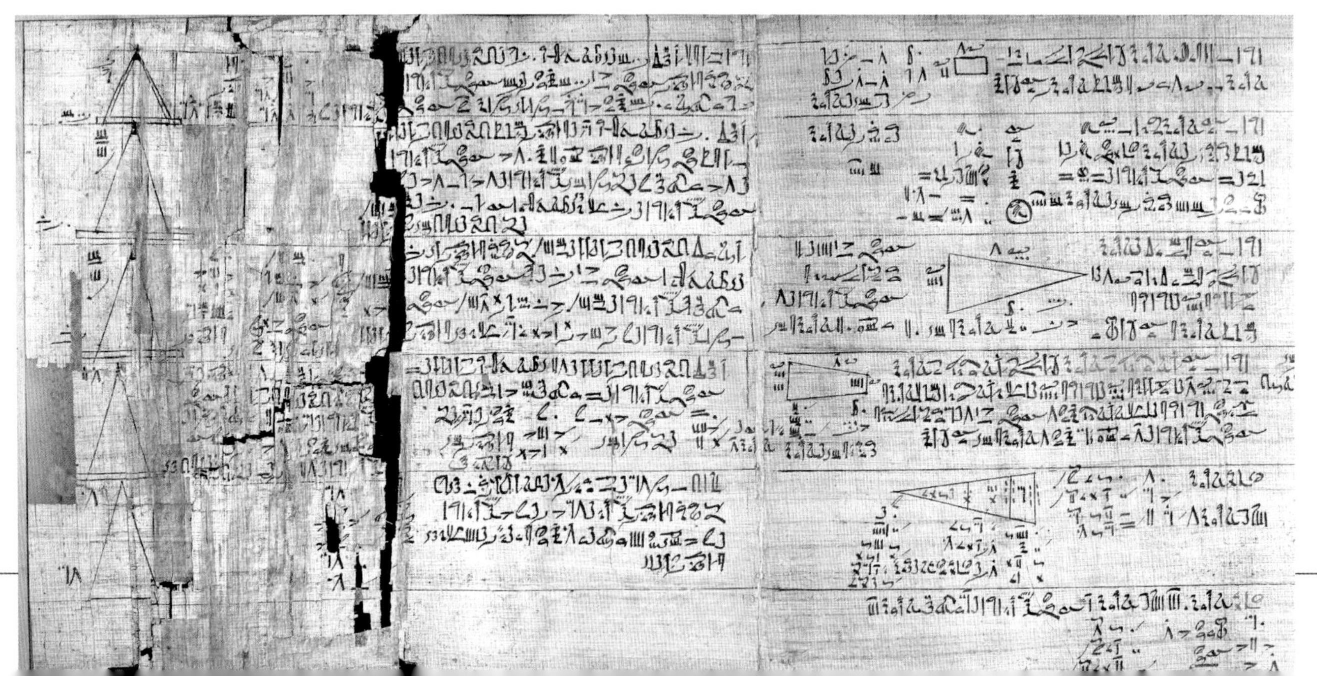

兰德纸草书是古埃及两大有名的数学书之一，大约作于公元前1550年。它的正反面共有84个题目，包括算术、几何、度量衡等问题。（图片提供/达志影像）

演绎推理的数学

公元前600年到公元前300年左右，古希腊的学者将数学的研究推向新的里程。这些学者有毕达哥拉斯、欧几里得等，他们承袭从古埃及传来的几何学，但却不再只是配合生活经验，而是开始很理性地讨论起“为什么”的问题，例如“为什么等腰三角形的两底角相等？”他们从一些朴素且明确的假设出发，进行一系列严谨的推理。这种逻辑推理过程称作“演绎推理”，而“演绎”成为日后数学发展的核心方法，奠定了现代数学的发展基础。

16世纪拉斐尔所绘的《雅典学院》中，欧几里得正在用圆规作图。他所著的《几何原本》是欧洲数学的基础。（图片提供/维基百科）

当数学成为一门有系统的独立学科后，便逐步地抽象化，它的演绎推理也成为其他科学重要的研究方法。除此之外，数学也是一种描述客观世界的工具，并为其他科学提供了发展基础，例如物理、化学、生物学、经济学都离不开数学，因此数学又被称为“科学之母”。

几何原本

欧几里得（约330B.C.—275B.C.）的《几何原本》，大约成书于公元前300年，共13册。中国最早的译本（只译前6册）出现于1607年（明朝末年），由意大利传教士利玛窦和中国学者徐光启合译，并将它定名为《几何原本》。《几何原本》以5个主要公理作为基础，推导出数学重要的结果，如毕氏定理、三角形内角和是180°等。这本书以演绎推理的方式，建立了几何学的体系，直到现在仍是重要的数学教材。

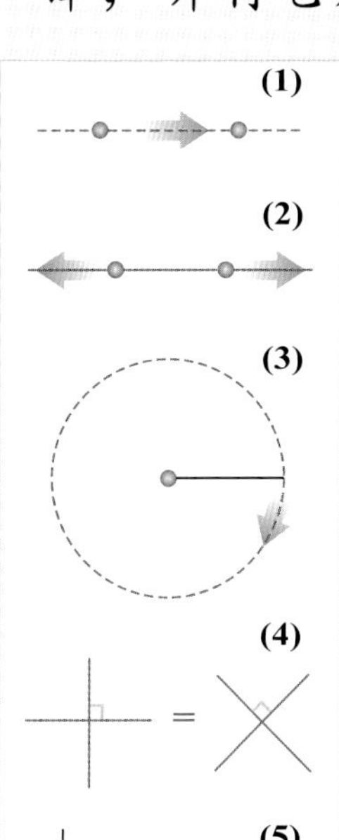

这5个公理分别是：（1）通过任意两点可作一直线；（2）线段可以任意延长；（3）以任一点为中心，任意长为半径，可作一圆；（4）凡是直角都相等；（5）两直线被第三条直线所截，如果同侧两内角和小于两个直角，则两直线延长后在此侧会相交。（制图/陈淑敏）

“几何”这两个字，由徐光启与利玛窦合译的《几何原本》而来；图为摘自其序言的碑文。（图片提供/左：维基百科，右：GFDL）

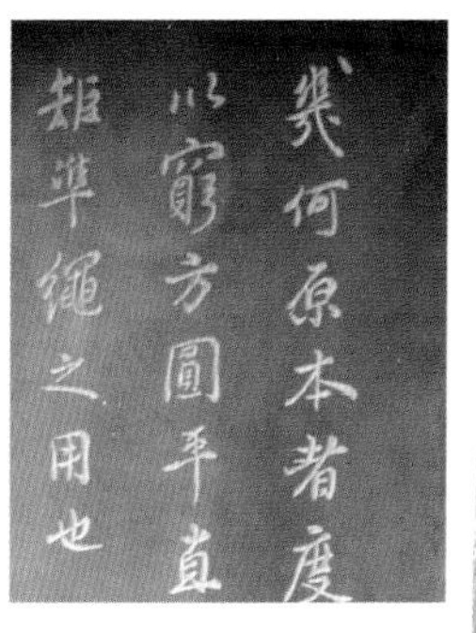

(台球。图片提供/GFDL)

单元2

数字的起源

请在脑海中想出一个数字，你想的数字是什么？应该很少人会想到小数或分数吧，大多数人想到的都是正整数。正整数又称自然数，可以说是人类最先发展的数字系统。

古老的数字

数的概念和记数方法远在文字记载前就已经发明了。考古学家相信，人类很早就能辨别数的多少。古老的记数方法是应用一对一的策略，例如在数羊时，每数一只羊就扳一根手指，或是放置一个小石头或小木棍等。此外，运用结绳或在木头上刻痕，也是早期的记数方式之一。我们可以把这些记数的方法，看成最古老的“数字”。

罗马数字和阿拉伯数字并列的时钟。罗马数字的大数在小数右边时，表示减掉小数。(图片提供/达志影像)

记数系统

约在公元前3300年左右，苏美尔人已有最早的书写数字；巴比伦人进一步发展出混合的60记数系统：比60小的数用10作基底表示，而大于60的数用60作基底表示。此外，约公元前3000年，古埃及也出现了象形文字的数字系统，它以10作基底，使用1、10、10^2等基本符号，然后以重复次数来表示数，例如：｜｜｜∩∩＝23。希腊

这块公元前2500多年的石碑上，左边的象形数字记载了这位古埃及公主陵寝之中衣物与织料的数量。(图片提供/达志影像)

零的概念对于数的表示方法影响很大，由印度人大约于6世纪发明，初期以圆点来表示。（摄影/张君豪）

中国象形	一	二	三	亖	区	介	十	)(	[illegible]	丨	[illegible]	[illegible]	[illegible]
埃　及	|	||	|||	||||	|||||	||||||	|||||||	||||||||	|||||||||	∩	[illegible]	[illegible]	[illegible]
罗　马	I	II	III	IV	V	VI	VII	VIII	IX	X	C	M	
阿拉伯	1	2	3	4	5	6	7	8	9	10	100	1000	10000

古代中国、埃及、罗马和阿拉伯数字的对照。（制图/陈淑敏）

有理数与无理数

无理数的英文“irrational number”，是指无法写成整数比的数；反之，有理数“rational number”，是指整数比的数，例如1/2可看成1与2的比。其实，“ratio”（比）希腊字的原意就是“可以理解”。公元前500年，古希腊毕达哥拉斯学派的弟子希伯索斯发现边长是1的正方形，其对角线的长不是一个有理数。这与毕氏学派“万物皆为数”（指皆为有理数，因此都可以理解）的主张相违背，并可能动摇毕氏学派在学术界的地位，希伯索斯因此被囚禁。

毕达哥拉斯（约500B.C.）最有名的定理，就是直角三角形斜边的平方等于其他两边平方之和。（图片提供/达志影像）

最早期的数字系统也与古埃及的系统相似，并在原来的1、10、10^2等符号基础上加上了5的符号。罗马数字与上述的数字系统相似，但它是第一次出现减法原则的。

中国的数字系统采用10进位制，已相当进步。它使用两套符号，其中个、十、百……是1、10、10^2等基本符号，接着用一、二、三……去描述数，而不需要重复符号次数。

至于目前普遍使用的阿拉伯数字，其实是印度人发明的，但经由阿拉伯人传到欧洲，因此被称作阿拉伯数字。据推测，印度人在公元前400年左右发明了这套数字，不过当时的符号与现今使用的并不一致；此外，印度人最早发明零的概念。

正整数是数字系统的基础；加上0、负数构成整数；再加上分数、小数组成有理数；之后加上根号、π等无理数，构成实数；最后加上虚数的发现，便构成了完整的复数系统。（插画/施佳芬）

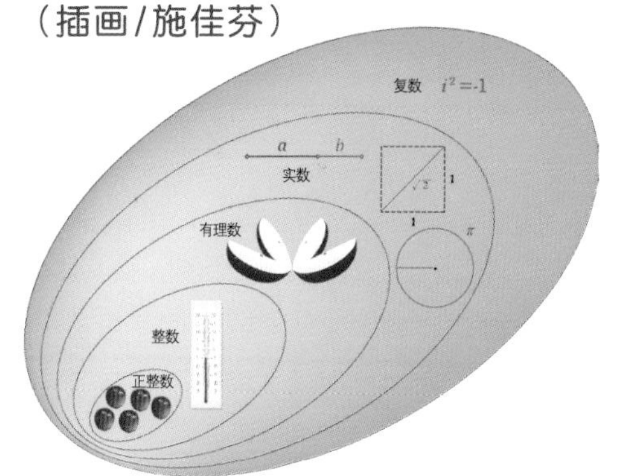

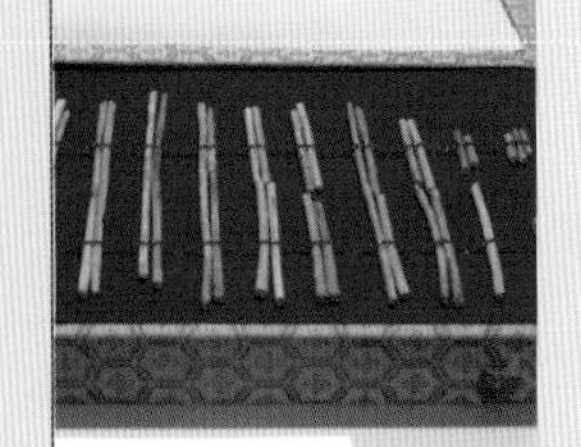

单元3

计算工具的演进

（算筹是中国古代的计算工具，春秋战国时代已经普遍使用。摄影/张君豪）

小时候，我们会用手指头来帮忙做加法、减法的运算，但遇到较大的数，或是较复杂的运算，手指头就不敷使用。有鉴于此，人类为了追求快速且精确的计算，便不断发展出愈加精致的计算辅助工具。

珠算盘是中国人首创的计算工具，取代了先前的算筹，目前仍在亚洲流传。（图片提供/达志影像）

古代的计算工具

手指是人类最早的计算工具，当手指不敷使用时，人们便尝试用石子、贝壳等当作计算的工具，此外结绳计数也是一种古老的工具。大约在春秋末期（公元前400年），算筹已是中国很普遍的计算工具，所谓“筹”是些小竹棍或小木棍，可用来做复杂的运算。为了计算方便，人们后来将算筹改良成算盘，用拨珠来节省摆“筹”的时间，“珠”算盘是由中国人首创的。算盘一类的工具也出现在其他文明古国，例如古希腊的“沙盘”与“算板”、古罗马的“沟算盘”等。算盘的计算方式延续了很久，直到1612年苏

1504年《哲学的珍宝》书中的插画，图中两位数学家进行计算比赛，左边是利用新传入的阿拉伯数字计算，右边则是用古罗马的沟算盘。中立者为担任裁判的女神，结果左边获胜。（图片提供/达志影像）

格兰数学家纳皮尔设计了对数和“纳皮尔算筹”；10年后，威廉·奥特再将它改良成“计算尺”，成为此后350年主要的科学计算工具。

旧式的机械计算机。（图片提供/GFDL）

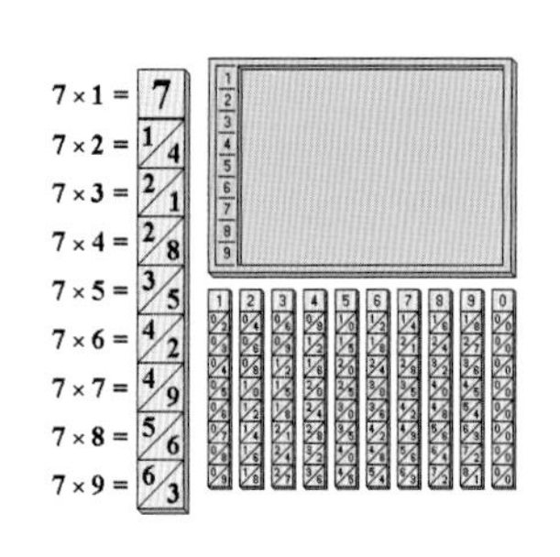
纳皮尔是创立对数的人，他所设计的“纳皮尔算筹”，便是利用对数来计算乘法与除法的工具。（图片提供/GFDL）

近现代的计算工具

1642年法国数学家帕斯卡发明了用齿轮传动的计算工具，他是机械自动运算的开创者；1822年英国的数学家与工程师设计了一部“差分引擎”，成为日后计算机的雏型。后来，经过科技的发展与人们对计算工具的一再改良，1946年第一部全电子化计算机ENIAC诞生，是当时电子计算方法的先驱者。之后，计算机的功能增多，并发展成电脑与简单计算机两个类型，今日所谓的计算器是指简单计算机。

简单计算机

简单计算机是一种手持或桌面装置，与电脑不同，只能完成简单的运算，但是具有轻巧的特性。早期的计算机和现在的电脑一样大，随着科技演进，才不断缩小其体积，并且也发展出更复杂的功能。进阶的计算机如工程计算机，具有三角函数、统计等计算功能；更新的图形计算机可以显示函数图形、求解方程式、撰写程式等，宛如一台小型的电脑。

对数表、计算尺与计算器都可以计算对数，使乘法与除法的计算更简便。（图片提供/达志影像）

精密的电子收银机能迅速做出结算，让商场的作业时间缩短。（摄影/张君豪）

（电压的测量，单位为伏特）

单元4

度量衡

什么是度量衡呢？其实“度”是长短的标准，“量”是容量的标准，“衡”是重量的标准。不过，现代的度量衡则是更广义的，包含对时间、温度等的测量。

上图：古埃及的长度标准物——腕尺，约50厘米长。
左图：胡夫金字塔的底呈正方形，四边的长度相差非常小，可见施工时采用统一的长度单位。（图片提供/GFDL）

古代的标准单位

最早的度量衡单位是借用人体和其他具体物，例如中国古书的“布手为尺”、“十二粟为一寸”等，但是这些大小会因人、物而异，因此又逐渐发展出“标准物”，定出大家共同使用的单位。最早的人为标准物是约公元前4900年，埃及法老胡夫用花岗岩所制定的长度测量标准，称为“腕尺”，相当于胡夫法老小臂至中指尖端的距离。当时埃及的重量单位是以踝饰和戒指的重量为基础，而容量单位是1基本单位的水体积。中国古代的度量衡则和乐器有关，是以发出黄钟（C调）宫音（do）的律管作为依据，将律管的长度分成90等分，每1等分为1分，10分为1寸，10寸为1尺；另外也利用律管和秬黍（一种大型小米），定出容量和重量单位。

古代中国人将律管作为长度单位的依据。另外，将律管用秬黍填满，可填1200颗，便是容量单位的依据；1200颗的重量则为重量单位的依据。（插画/张文采）

测量降水量的雨量计，以毫米为单位。（图片提供/达志影像）

现代的标准单位

从前的标准单位大都只在一个地区或是一个国家内通行，但随着国际贸易、科学等的交流日益频繁，制定与使用一套共同的度量衡标准，便成

常见的单位换算

长度	1公里（km）＝1,000米 1米（m）＝100厘米 1厘米（cm）＝10毫米（mm） 1纳米＝10^{-9}米 1英寸（inch）＝2.54厘米 1英尺（foot）＝12英寸＝30.48厘米 1码（yard）＝3英尺＝91.44厘米 1英哩（mile）＝1,760 码＝1.6公里
容量	1 cc＝1毫升（ml） 1升（l）＝1,000毫升 1升＝0.264加仑（美国） 1加仑（US gallon）＝8品脱＝3.785升 1品脱（pint）＝0.473升
重量	1吨（mt）＝1,000千克 1千克（kg）＝1,000克（g）＝2.2磅 1磅（pound）＝16盎司＝454克 1盎司（ounce）＝28.35克 （衡量贵重物品采用1盎司＝31.10克）

为各国的共识。目前国际通用的度量衡单位为公制，例如米、千克等，最早是由法国于18世纪率先采用，1960年第十一届国际计量大会通过后，便为国际普遍采用。公制单位有它所依据的标准，例如1米是光在299,792,458分之一秒内，于真空中所走过的长度；1个铂铱合金所制造的圆柱形千克原器，它的质量便定义为1千克。除了公制单位外，英、美两国惯用的英制单位，例如寸、尺、盎司与磅等，也是目前较常见的度量衡单位。

法国在1790年采用公制单位，以统一古老复杂的旧制单位，其中包括了沿用至今的升、千克和米等。（图片提供/达志影像）

英制的长度单位

古时候的测量标准通常都是由人体尺寸而来。（插画/张文采）

英制单位源于5—14世纪，或更早期的民间测量标准，当时长度的基本单位大多根据人体的尺寸。英寸在荷兰语中的本意是拇指，1英寸约是拇指末节的长度。14世纪时，英皇爱德华二世颁布“标准合法英寸”，规定“从大麦穗中间选择3粒最大的麦粒，并依次排成一行的长度就是1英寸”。英尺在英文中的原意是“脚”，最早1英尺定义为1个成年男子脚底的长度。

英皇亨利一世在位时，曾亲自组织相关人员，讨论1码到底应该定为多长。大臣们为此争论不休，一旁听得不耐烦的大英皇帝，一气之下，便伸手指着臣下道：“笨蛋，1码就是从我的鼻尖到我的食指尖间的长度。”

单元5

黄金比例

（巴黎埃菲尔铁塔的第二层以上与以下的比，约等于1.618：1。）

大约在公元前300年左右，欧几里得为黄金比例下了一个清楚的定义，以现在的语言来说就是将一直线切割成长短的两段，全长∶长＝长∶短，这个长短比大约是1.618∶1（倒数比是0.618∶1），而这个比例就是著名的“黄金比例”。

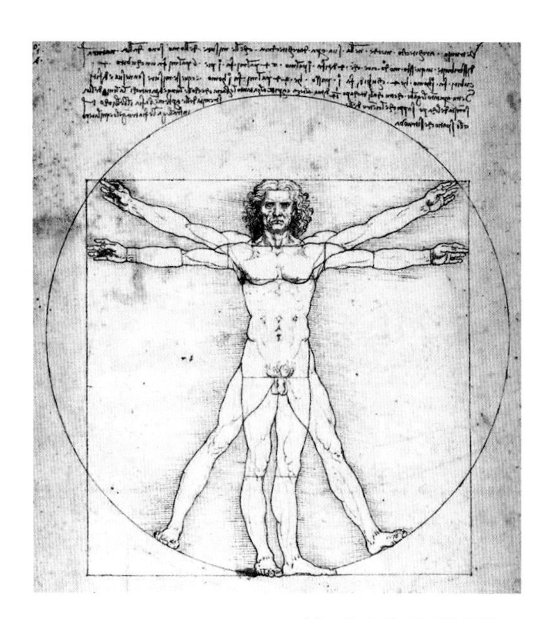

达·芬奇按照古罗马建筑师维特鲁威所绘的人体图像，上下身符合黄金比：以肚脐为中心，可画成圆形。（图片提供/维基百科）

黄金矩形

19世纪时，德国心理学家费希纳，做了一个美学的实验，他设计出各式各样的矩形，然后邀请一群人选出他们心目中最美的矩形。根据统计结果，有4种矩形最受青睐，它们宽和长的比，分别是5:8；8:13；13:21；21:34。仔细算一下它们的比值，发现分别是$\frac{5}{8}$＝0.625；$\frac{8}{13}$＝0.615；$\frac{13}{21}$＝0.619；$\frac{21}{34}$＝0.617，都非常接近0.618。这并非巧合，如果我们仔细检视建筑物或艺术作品，其中宽长比值约为0.618的矩形，常被认为是最和谐且最具美感，符合这个比值的矩形就称为黄金矩形。

达·芬奇的《蒙娜丽莎》，画幅的宽：长，以及颈部以上：颈部以下，都接近黄金比。

这个五角星形中有非常多的黄金比值，例如图中各种颜色线段都会和下一条较长线段呈黄金比值。（图片提供/维基百科）

黄金分割

以黄金比对一段长度作切割，我们称为黄金分割。如果把一个黄金矩形的长边作黄金切割，便可以得到一个正方形和另一个小的矩形，而这个小的矩形也会是黄金

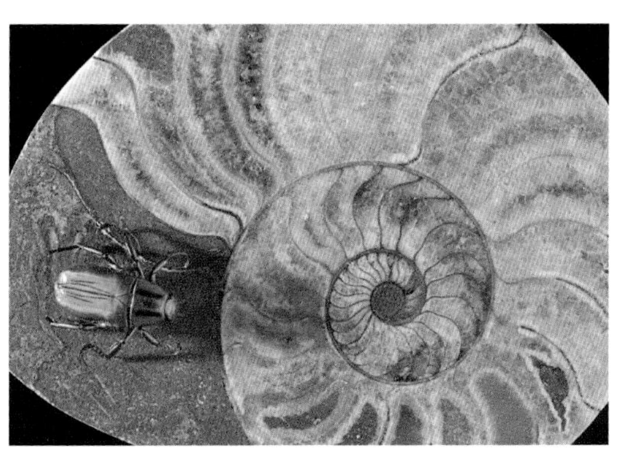

矩形。根据这样的道理，可以把一个黄金矩形切割成无限多的黄金矩形，若再进一步把这些黄金切割点以曲线连接起来，便可得出一条“等角螺线”，自然界中的螺类都可以找到这条线。

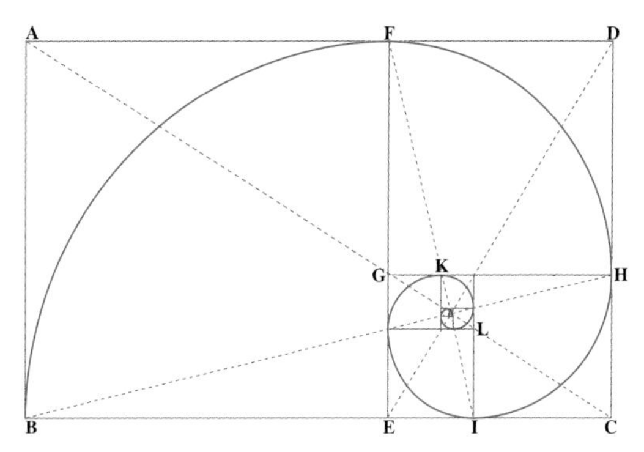

上图、左图：鹦鹉螺的外壳切面，呈现出由多个黄金切割点连接成的等角螺线。（图片提供/达志影像，制图/陈淑敏）

黄金比也出现在许多艺术家、建筑师和音乐家的创作中，例如达·芬奇的许多画作，其长宽比就是黄金比；古埃及的金字塔，其底面的长与高之比也符合黄金比；最悦耳的音程大六度与小六度也与黄金比有关，如由A调与C调组成的大六度音程中，其频率之比近似于黄金比。由此可见，黄金比例的观念与我们的生活息息相关。

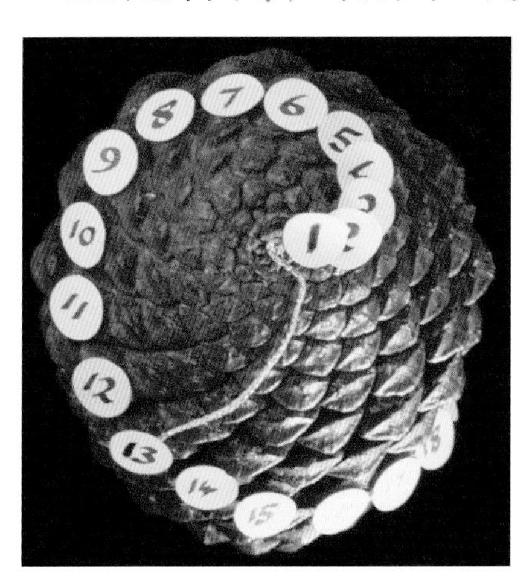

大自然中常出现斐波那契数列：1、1、2、3、5、8、13……，这个数列从第3项起，每一项都是前两项的和，例如1+1＝2，1+2＝3……而每一项与后一项的比值，越来越接近黄金比值0.618。图中的松果鳞片，逆时针方向旋转的（如贴号码部分）有8列，顺时针方向旋转的（如黄线部分）有13列，都属于斐波那契数列中的数字。（图片提供/达志影像）

优选法

优选法是应用黄金比寻找函数极大或极小值的一种方法。例如要制造一种化学药品，只知道它在0℃—100℃中间的某一个温度，能产出最好的品质，但是如果每一种温度都去尝试，实验要花费很大的成本。这时可以利用黄金比，先找出61.8℃和38.2℃，将两个温度分别做实验。接着，选择效果较好的温度，同样以黄金比，再从中找出另一个温度，并删去效果较差的。如此反复地进行数十次，就会越来越接近最佳的温度。

巴黎卢浮宫“米洛维纳斯”雕像的身材完美，以肚脐为中心，上下为黄金比。（图片提供/GFDL，http://creativecommons.org/licenses/by-sa/2.5/）

单元6

代数

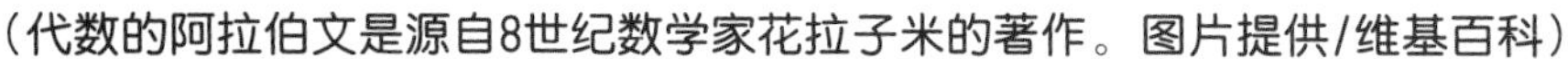

（代数的阿拉伯文是源自8世纪数学家花拉子米的著作。图片提供/维基百科）

一般加减乘除或是平方等较复杂的运算，都是将已知数加以运算得出答案，通称为“算术”。代数则是将“未知数”列入计算式中一起运算，借由建立等式、转换形式等过程找出答案，因此代数可说是解方程式的学问。

在科学研究的过程中，代数是非常重要的方法。图为爱因斯坦和几位物理学家。（图片提供/达志影像）

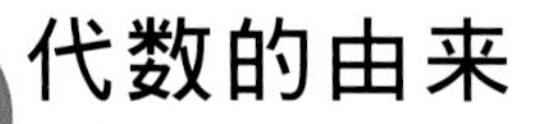

代数的由来

代数是算术的延伸，起源可追溯到公元前约2000年的巴比伦，当时已出现高度发展的“文辞代数”，但是还没开始使用符号，而是用文字叙述的方式来解题。直到15世纪，大部分代数仍属文辞代数。接着发展出“简字代数”，对于较常出现的量和运算以简写表示，这始于古希腊数学家丢番图（约公元3世纪），他在《算术》书中首次引入未知数的概念，也创立未知数的符号，因此被视为“代数之父”，但他主要仍以文字叙述来解题。之后，“符号代数”出现了，这是运用符号及其运算来解方程式，最早出现于16世纪；但现在代数中的符号a、b、c与x、y、z，都是在17世纪后才逐渐发展起来的。

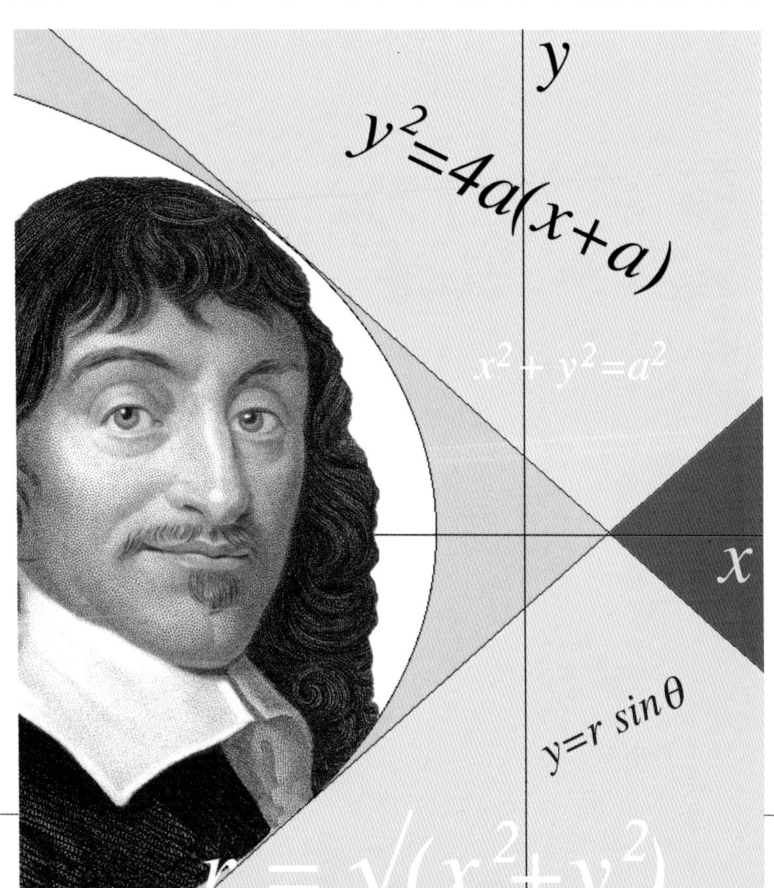

笛卡儿是最先以x、y、z来代表未知数的人。他所发明的坐标，使几何问题可以用代数的方法来求解。（图片提供/达志影像）

解方程式

代数的英文algebra源自阿拉伯文al-jabr，意思是还原与对消，阿拉伯人所用的形式，就是我们所说的方程式。所谓的解方程式，就是以符号来代表未知数，再根据问题的条件列出方程式，并且通过运算规则找出未知数的答案。例如：有匹小马在沙漠中走失3天，第一天，它不知道走了多远，以后，它每天都比前一天多走1公里，到了第三天，总共走了45公里。请问它最后一天走了几公里？我们先列出：$x+(x+1)+(x+2)=45$，简化后：$3x+3=45$，最后解出$x=14$，最后一天走的距离便是$14+2=16$公里。上述例子中，x是“未知数”，$3x+3=45$是“方程式”。

除了数学，其他科学也用包含代数符号的等式，来描绘某些数值间的关系，称为公式。图为爱因斯坦发表相对论100周年纪念邮票，上面是其著名的公式：能量=质量×光速的平方。（图片提供/达志影像）

右下图：代数及方程式的出现，使得数学的运算简化许多。（图片提供/达志影像）

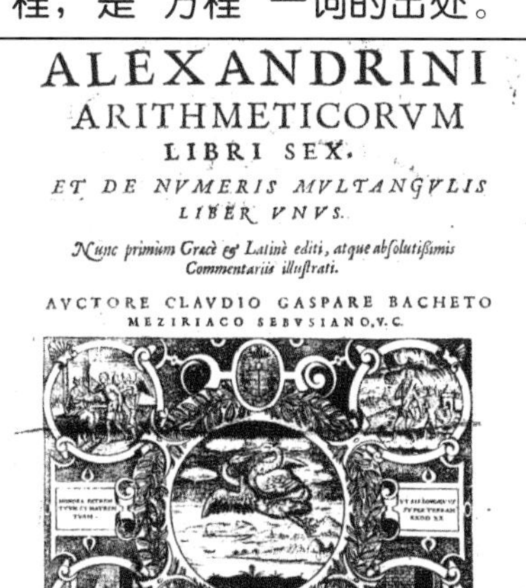

ALEXANDRINI
ARITHMETICORVM
LIBRI SEX.
ET DE NVMERIS MVLTANGVLIS
LIBER VNVS.
Nunc primùm Græcè & Latinè editi, atque absolutissimis Commentariis illustrati.
AVCTORE CLAVDIO GASPARE BACHETO MEZIRIACO SEBVSIANO, V.C.
LVTETIAE PARISIORVM.

下左图：丢番图被尊为“代数之父”，图为他所著的《算术》。（图片提供/维基百科）

下右图：《九章算术》是中国传统数学最重要的经典，分为9章，共有246个问题。其中第八章方程，解联立一次方程，是“方程”一词的出处。（图片提供/维基百科）

身体质量指数

肥胖的定义是指一个人的身体质量指数（BMI）超过理想标准。所谓的身体质量指数，计算公式为体重÷身高的平方，用代数符号来表示即是$BMI=W/h^2$。在这个关系中，我们可知道BMI与体重成正比，与身高的平方成反比。一般而言，介于20至24.9 kg/m^2是理想的BMI值。

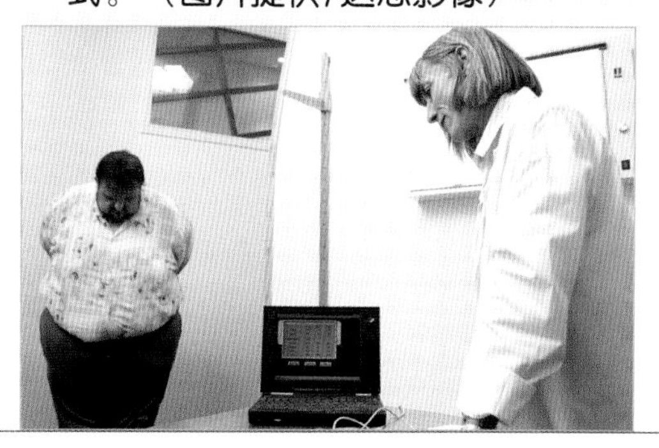

日常生活中也会使用代数符号和等式，例如身体质量指数的计算式。（图片提供/达志影像）

单元7

集合

（分类也是一种集合的概念。摄影/萧淑美）

我们在讨论或处理一个问题时，常常需要先界定或厘清这个问题的范围。集合的概念，就有点类似这样的情形。

集合的概念与历史

集合的概念也许和数的概念一样原始，因为两者之间有着密切的关系。例如当我们听到“5”，就可能想到5个小孩、5根手指头，这些就是集合的概念。这种把某些事物汇合成一个整体的想法，似乎非常自然，尽管如此，这个想法发展成为一个理论，却是直到19世纪后期德国数学家康托尔（1845—1918）才完成。

简单地说，集合是将一些东西归类在一起，例如，我们可以把“全体中国人民”归类成一个集合，它可以用这样的数学符号表示：

一般的分类其实就是将物品分成很多小集合，例如可乐与汽水（沙士）都是“饮料”这个大集合的小集合。（摄影/张君豪）

A=｛全体中国人民｝，其中A代表集合的名称（常用大写英文字母表示），而大括号内代表组成这个集合的“元素”（常用小写英文字母表示）。集合和集合之间可以存在某些关系，例如小集合包含于（⊂）大集合、两集合之间的共同部分是交集（∩），或两集合的相并就是并集（∪）。

集合的应用

集合最大的应用是在数学上，它帮助了数学知识的发展，是现代各数

大集合可以再分成不同的小集合，例如图中的“人”，就可以分成男性/女性、老人/幼童等集合。（摄影/张君豪）

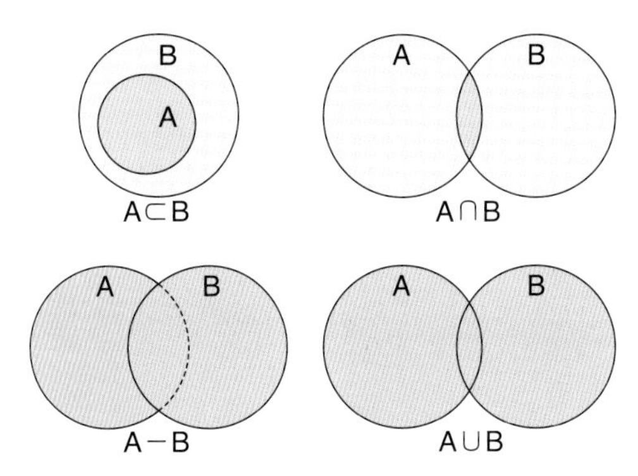

用图形来了解集合的性质和集合之间的关系。（制图/陈淑敏）

学分支的基础，更直接地说，所有的数学都是研究某类东西的集合，如几何学是研究“点”的集合，代数是研究“数”的集合及其运算。因为集合的语言和性质被广泛地应用在各数学分支上，它提供一套处理各种整体的方便记号，所以集合又有简化的作用。此外，集合本身也具有自己的特殊假设和结构，而成为数学的一支。

左图：当彩票没人中奖，中奖人的集合就是一种空集合。（摄影/张君豪）

下图：集合可分成有限集合、无限集合和空集合。图书馆里藏书是有限的，所以“图书馆的书”是一个有限集合。（摄影/张君豪）

罗素悖论

悖论就是自相矛盾的陈述，在人类的文明史上，悖论由来已久，但是直至悖论在集合论中出现，才引起数学家的注意，其中最有名的就是罗素悖论。举例来说，一位理发师挂出一块招牌：“村里所有不自己理发的男人，都由我为他们理发，我也只给这些人理发。”于是有人问他：“您的头发由谁理呢?”理发师顿时哑口无言。因为，如果他为自己理发，那么他就属于自己替自己理发的那群人。但招牌上叙述他不为这群人理发，因此他不能自己理。如果由另外一个人为他理发，他就是不替自己理发的人，而招牌上明明说他要为所有不自己理发的男人理发，因此，他应该自己理。所以，不管怎样的推论，理发师所说的话总是自相矛盾。这个悖论直接涉及到集合概念的定义问题，而集合论又是现代数学的基础，因而罗素悖论不仅动摇了数学的基础，而且震撼着整个逻辑界和哲学界，之后经过数学家的努力，才重新建立出新的集合论系统，解除了这个危机。

下图：万花筒中的镜子，照出的影像有无限个，这些影像是一个无限集合。（图片提供/维基百科）

除了有名的“罗素悖论”之外，罗素还是分析哲学的创始人之一，并于1950年获得诺贝尔文学奖。（图片提供/达志影像）

（六角形地砖。摄影/萧淑美）

单元8

平面几何

几何是研究图形与空间关系的数学分支，这个词是来自希腊语中“土地”与“测量”两个字的组合，由此我们不难理解早期的几何是为了土地、建筑等实际测量的需要而产生。

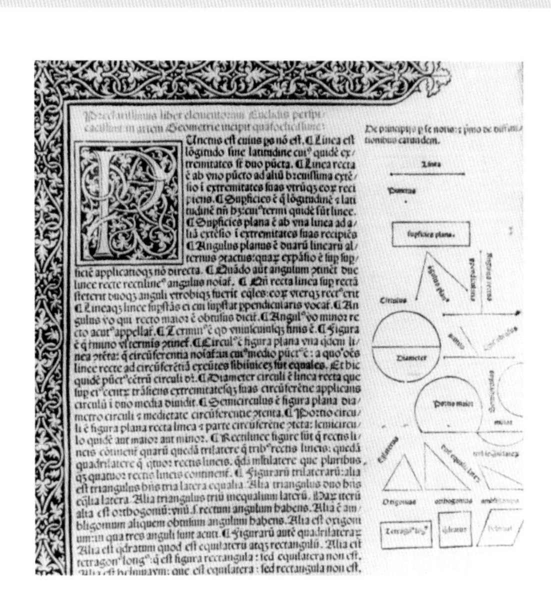

欧几里得的《几何原本》整合了几何过往零散的知识，真正建立了几何的基础。（图片提供/达志影像）

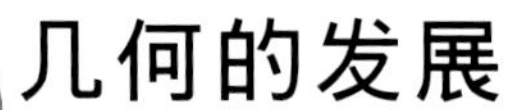

几何的发展

大约在公元前3000年左右，古代埃及与巴比伦人已经懂得测量长度、角度，以及计算面积、体积等基础的几何知识。不过，当时的知识来源主要是根据实际经验，还不能算是有系统的数学知识；直到公元前600年，古希腊的泰利斯开始尝试用演绎方法来证明几何，因而导致欧几里得（约330B.C.—275B.C.）的《几何原本》诞生，几何的基础才真正建立起来。这本书最大的贡献是整合了过去许多对于几何的片断知识，从少量的公理出发，用演绎的方法去证明几何知识，例如从基本公理出发，最后推导出等腰三角形的两底角相等。欧几里得的几何对于数学的发展影响非常大，一直到19世纪其他互相抗衡的几何学才发展出来。但即使如此，目前高中的教科书中的几何，仍是属于欧几里得几何的范畴。

18、19世纪之交的德国数学家高斯。19世纪时，欧几里得的几何学被重新检讨，高斯等人因而发展出另外一套非欧几何的系统。（图片提供/维基百科）

平面图形的成员

平面图形是由几何上两个基本元素“点”与“线”所构成。任意两点可以形成1条直线，而线可以形成许多图形，例如3条非平行的直线构成三角形，同样的过程也可以推导任意边的图形。

三角形、四边形和圆形是常见的平面图形。三角形的3个边长确定后，3个角便会确定，形状因此而固定。四边形的4个边长确定后，4个角却不固定，所以同样的4个边长可以产生不同的四边形。至于圆形，不论大小，形状都相似，而且无法用三角形等其他形状切割，因此被古人比喻为神所创造的形状。一般而言，我们把三角形、四边形等称作“多边形”，多边形的命名通常是依据图形的边数而来，例如五边形有5个边；不过，三边形惯称三角形。

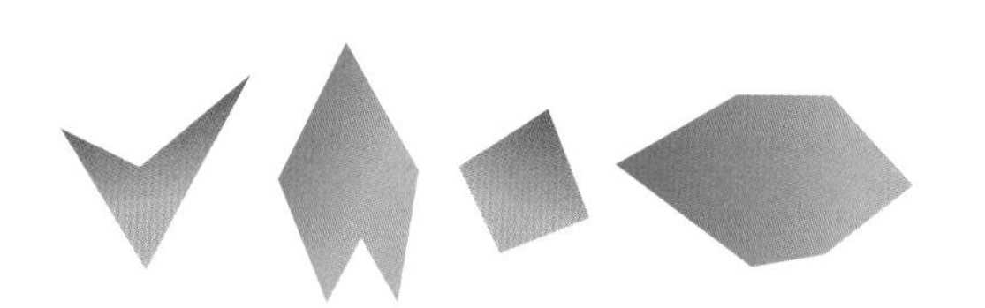

左边的四边形和六边形，都有一边凹进去，属于“凹多边形”；右边的则属“凸多边形”。一般多边形是指凸多边形。（插画/施佳芬）

三角形的形状比四边形固定，所以生活中很多设计采用三角形作基本结构，载荷重物后不容易变形。（摄影/黄丁盛）

圆周率π

木工师傅有句口诀“周三径一”，意思是直径为1的圆，周长大概是3；圆周率（π）指的就是圆周长与半径的比，不管圆的大小，这个比都是一样的。人类为了工艺上的需求，很早就尝试计算圆周率的准确值，但是这项工作的进展很慢，从阿基米德（公元前3世纪）算出π约等于3.14，到祖冲之（3世纪）推算出3.141592，花了约700年，此后人类更花了一千多年的时间才打破祖冲之的纪录。以往计算π的方法都是用圆内接正多边形来逼近圆周，例如阿基米德用到正96边形，中国的刘徽用到正192边形。后来牛顿等数学家又用无穷乘积或无穷级数的方法求π，直到电脑的发明，π的位数已经可以到达几十亿位以上。

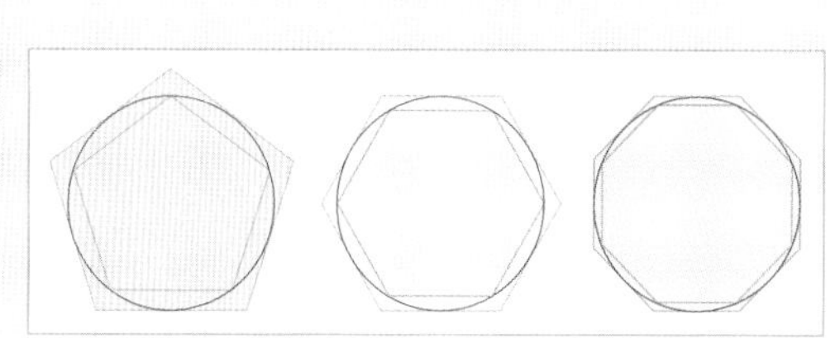

利用圆内接n边形，以及圆外接n边形，可逼近两者间的圆周。（插画/施佳芬）

荷兰画家蒙德里安（1872—1944），以直线、直角等几何图形，以及红、黄、蓝三原色为绘画的基本元素，展现鲜明的个人风格。（图片提供/达志影像）

(比萨斜塔的造型是圆柱)

单元9

立体几何

在实际生活中，我们常见的物体其实大多是立体的，例如1本书除了有长度、宽度，还有厚度，也就是它不仅只有1个平面。立体几何指的就是某个物体占据一定的三维空间，并具有体积。

(插画/施佳芬)

立体几何的发展

欧几里得在《几何原本》中，演绎推理出许多平面几何的知识，同样的，书中使用相同的方法，将平面图形的结论合理地推展到三维空间，例如圆变成球体，正方形变成正方体，三角形成为三角锥等；书中的最后3册就在讨论立体几何。然而，立体几何的出现不是从《几何原本》才开始，早在远古时代，人类就有立体几何的初步概念。例如，在北京人的遗址中，石刀、石斧的尖角近似锥体；又如古埃及著名的金字塔，是标准的锥体。此外，对于体积等若干立体几何知识，也都有早于《几何原本》的记载。

阿基米德对于几何学贡献很大，传说他临死前还在研究几何；他的墓碑刻有1个圆柱体，内含1个球体和圆锥体，他得出三者体积的比是3:2:1。(图片提供/达志影像)

卢浮宫的玻璃金字塔，是法国大革命200周年纪念的巴黎十大工程之一。底部为方形，因此整个造型是四角锥。

正多面体有几种

多面体是立体形体的另一种分类方法，顾名思义，只要是很多个面构成的立体形体，就叫多面体。所以，三角锥也称作四面体，正方体又称“正六面体”；“正”多面体的意思是每一个面都是全等的正多边形。

也许我们会认为正多面体有无限多种，但事实上正多面体只有5种，分别是正四面体、正六面体、正八面体、正十二面体与正二十面体。

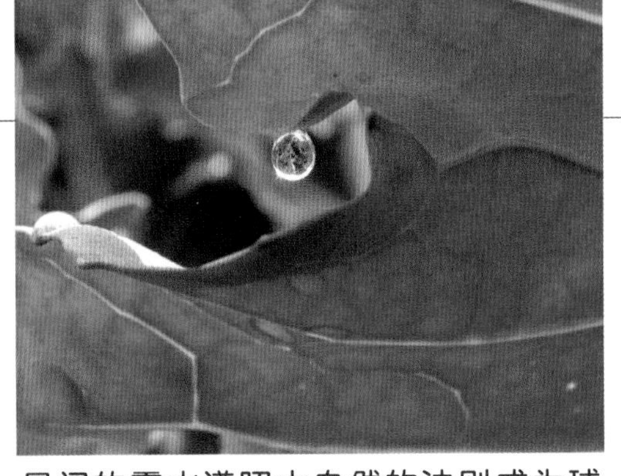

晨间的露水遵照大自然的法则成为球体。（图片提供/GFDL）

立体形体的成员

一般而言，人类设计的建筑物，大多用简单的立体形体，以表现几何中规则性与对称性的美感。建筑物常使用“柱体”与“锥体”为主要架构，其中“柱体”是由上、下底面全等的多边形构成，例如三角柱的底面是三角形，四角柱的底面是四边形，但立体的6个面是全等的正方形，习惯称为“正方体”，底面是圆形的柱体称为圆柱。至于“锥体”，它与柱体的差别在于其中1个底面会收敛成1个尖点，称为顶点；底面是三角形的称为三角锥，底面是四边形的称为四角锥……依此类推，以圆形作底面的就称为圆锥。

大自然中，许多形体会寻求简单的自然法则，例如太阳、雨滴、泡泡等，都会自然成为“球体”。这是因为当各种形体的体积相同时，球体的表面积最小，此外也与表面张力、重力的作用有关。

图中的大球和足球一样，表面有多个五边形和六边形。（图片提供/黄丁盛）

动手做正十二面体

做个正十二面体，可以制成月历、大骰子、十二生肖摆饰。材料：刀片、双面胶、记号笔、灰色卡纸、现成小月历。

1. 依照线稿将展开图裁切下来，并用刀背轻轻地在卡纸上划出折线。
2. 用记号笔或色笔随意地在展开图上画上漩涡的图案。

3. 每面贴上小月历。用0.5cm的双面胶将展开图粘贴组合起来。（制作/杨雅婷）

单元10

几何测量

（计算圆柱体的体积，可以想象它是由硬币堆积而来。摄影/张君豪）

几何中的平面图形和立体形体，各有不同的特色，我们可以通过测量知道它们的长度、面积和体积等，知道这些“几何量”，能让我们更精确地描述它们，以及比较它们的大小。

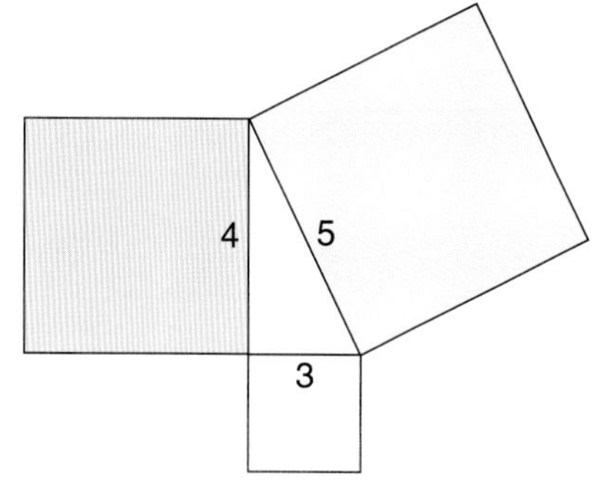

毕氏定理并非毕达哥拉斯最先发现，古代中国、埃及等都已有所研究，不过据说是他首先证明这个定理。中国《周髀算经》中，商高（约1120B.C.）已提及这个定理，称勾股定理，又称商高定理。（制图/陈淑敏）

（插画/施佳芬）

计算面积常用的3种方法：

❶以单位面积为依据，看看共有几个单位。

❷将不规则图形分割成简单的图形(如三角形)，再求各图形面积的和。

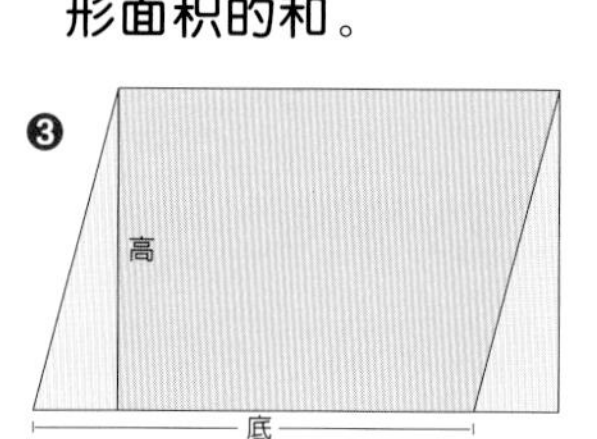

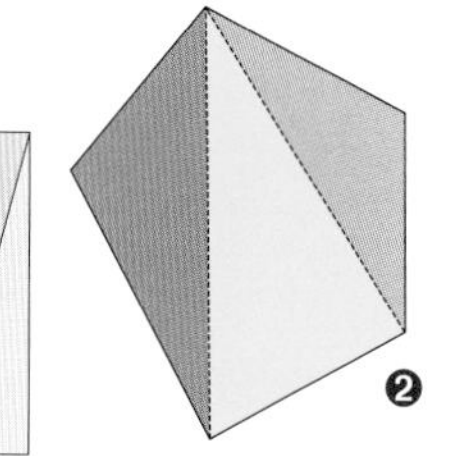

❸将图形切割、填补，重整成简单的图形(如矩形)，便可得到面积的计算方式。

几何测量的历史

几何测量与实际的生活相关（例如测量土地的面积、建筑等），所以早在古巴比伦的年代（2000B.C.—1600B.C.），巴比伦人就懂得计算长方形的面积，以及直角三角形、等腰三角形和有垂直边的梯形面积，同时也能计算长方体的体积、圆柱的体积等，另外也知道毕氏定理、计算圆周长与圆面积等。在更早之前的年代（约2600B.C.），从古埃及金字塔的建立，可看出他们已具备良好的几何测量知识；同时从一些出土的资料来看，古埃及对于圆面积、三角形的面积、圆柱的体积也都有初步的了解。

手持圆规和矩尺的女娲和伏羲，在中国神话中他们是人类的祖先。圆规和矩尺都是测量工具。（图片提供/达志影像）

长度、面积与体积

测量的概念是以一个标准量为基础，算出未知量与标准量之间的比，以长度为例，可以用1米为单位，去表示某段长度与

一个立方体的体积，可以由单位体积计算出来。（图片提供/维基百科）

1米间的比。

对于测量面积，也是用这个方法进行的。我们可以先把边长为1的正方形当作单位面积，接下来再用单位面积去覆盖所求的面积，例如1个正方形可分割成25个单位面积，它的面积就是25平方单位；更进一步，我们发现只要测量出正方形的边长，利用边长×边长就能快速算出单位面积个数，因此可以推导出正方形的面积公式。同理，我们可推导出长方形的面积公式，所以对于平行四边形、三角形、梯形等图形，只要将它们切割重组成长方形或正方形，便不难找出它们的面积公式。

体积的测量，也是运用将某物件切割成大量单位体积的方法。我们先计算一层有几个单位体积，再计算总共有几层，将这两数相乘得到体积。

古埃及人使用结绳的方法，在地面上画出边长分别为3、4、5的三角形来确认直角，进而算出直角三角形的面积。（插画/吴仪宽）

测量金字塔的高度

泰利斯是古希腊七贤之一。除了哲学，他还精于数学、伦理以及天文学。（图片提供/达志影像）

古希腊著名数学家泰利斯，出生于约公元前624年。相传他游历埃及时，利用相似三角形，计算出金字塔的高度，使当时的埃及国王阿玛西斯惊讶不已。泰利斯在金字塔旁立了一根木棍，然后观察木棍阴影的长度变化，等到阴影长度恰等于木棍长度时，赶紧去测量金字塔阴影长度，因为，此时金字塔影长也恰等于金字塔的高度。这种间接测量的方法，至今仍是很常用的三角测量方法。

绳子是当时丈量土地的主要工具，例如可以用打结或做记号的方式，由专业的测量员（称为执绳者）在绳子上量出等距，作为测量的标准。

（风车属于点对称）

单元11

对称

在几何图形中，除黄金比例具有特殊的美感外，对称也是使人产生美感的数学概念。同样的，在大自然或人类的创作中，都可以发现对称。

对称的概念

对称概念的来源是实际的生活，最初人们从自己的身体，植物的花、叶，以及动物的骨骸等各种天然事物的观察中，认识到它们普遍存在着一种左右对应的关系。对称能产生平衡比例的形式美，因此被广泛应用到建筑、艺术品中。此外，人们也在大自然中发现更多的对称关系，例如海星的对称、雪花的对称、矿物晶体的对称等。

图中的“囍”字剪纸是利用左右对称的原理剪出来的。（图片提供/达志影像）

图中的蜻蜓展现了大自然中到处可见的左右对称。（图片提供/维基百科）

日本的面具。人类的构造基本上也是左右对称的。（图片提供/达志影像）

线对称与点对称

数学中关于对称的两个最主要的概念，分别是线对称与点对称（旋转对称）。“线对称”意味一个图形中可以找到一条直线，将图形平分为两半，使其中一半内的任何点，都可以在另一半找到一个对应点；换句话说，这两个对应点所形成的直线，会被这条直线平分。这条平分图形的直线就叫做“对称轴”。

第二个概念是“点对称”。一个图

比例对称的巴黎骑兵凯旋门，展现出平衡之美。

形若是可以找到一个固定点（在此图形上或在此图形外），使此图形绕着固定点旋转180度后，新图形看起来仍然和原图形一样，就称为点对称，最典型的例子就是圆形或球体。广义的点对称，也不限于旋转180度，例如五角形每旋转72度（360÷5），图形看起来仍然一样。

两个图形之间以线为对称轴，互相对称，称为“镜射”，如图中的湖边景色及其倒影。

海星类似五角形，旋转72度后看起来还是像原来的样子，是自然界中广义的对称例子。

蜂巢的对称

正六边形同时属于线对称和点对称，在自然界中，以正六边形作为一个小单位的例子很多，其中蜂巢截面的正六边形最为人熟知。蜂巢的正六边形是十分紧密的结构，有着很强的支撑力，因为它很容易把巨大的外力均匀分散而抵消。此外，由于结构中每个正六边形的边均与隔壁共享，因此能节省材料，同时也减轻其重量。

同时属于线对称和点对称的正六边形蜂巢。（图片提供/GFDL）

单元12

坐标

（入场券。摄影/萧淑美）

为了表示同学在教室中的位置，我们可能会说某同学坐在第几排的第几个座位，“坐标”就是数学中用来描述位置的概念。

坐标的历史

据说17世纪的法国数学家笛卡儿和费玛（1601—1665）是最早将坐标引入数学的人，他们通过坐标的创立，打破当时几何与代数之间壁垒分明的刻板印象，而将这两套系统连接起来。笛卡儿和费玛都利用代数的优点，以代数的方法处理几何问题，例如可以用代数方程式来表示几何图形，这就是“解析几何”的来源。“解析几何”直接促成了微积分的发明，对于现代数学影响很大。

虽然名气不如笛卡儿响亮，但是费玛留下的“最后定理”却让后世学者为了证明该定理而头痛了300多年。（图片提供/达志影像）

直角坐标的应用

直角坐标来自笛卡儿，也是目前最常使用的坐标系统之一。在直角坐标中，任何一个点都有一个对应的坐标

引入坐标概念之后，使我们在看电影或听演唱会时可以井然有序地找到自己的座位。（图片提供/达志影像）

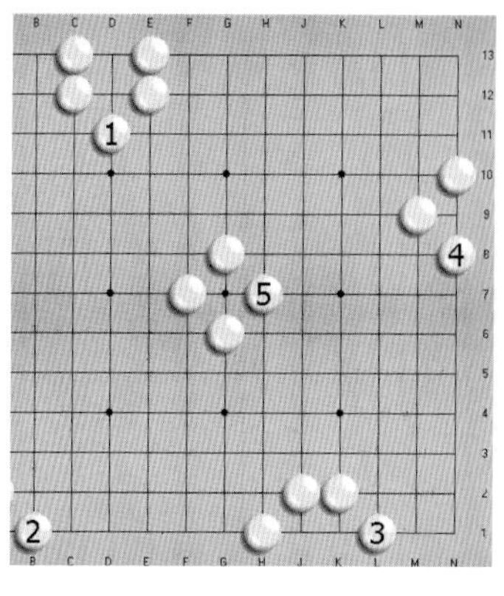

右图：围棋棋盘因为坐标而使解说或评论变得更简易明确。（图片提供/维基百科）

左图：飞机上有明确的座位指示，通常是由一个英文字母配上一个数字，这也是一种坐标的运用。（图片提供/达志影像）

值，例如图❶的P点（2，1），其中2表示横坐标轴（x轴），1表示纵坐标轴（y轴）。因此，利用直角坐标，我们可以很清楚地标示出每个点的位置，例如地图就是最好的应用例子。

除了标示位置，直角坐标也可以用来表示代数方程式的几何图形，这种坐标图让人更容易一目了然。例如有个代数方程式 $x^2+y^2=1$，将它画在直角坐标上后，我们便可以很快地理解它原来是一个以（0,0）为圆心，半径为1的圆。反过来说，将图形关系转换成代数方程式后，只要解出方程式，就能够解决几何作图的问题。

笛卡儿

法国数学家笛卡儿和费玛几乎是同时创立坐标，不过由于费玛不习惯发表他的研究，因此笛卡儿较为著名。笛卡儿出生于贵族家庭，因体弱多病，养成在床上阅读与思考的习惯，在数学和哲学上都有很高的成就；“我思故我在”就是出自他的名言。据说他从蜘蛛网的灵感中，发明直角坐标系。笛卡儿所著的《几何学》，揉合代数与几何，使两者相辅相成，从而创立“解析几何”这门重要的数学分支。

除了几何学的成就，笛卡儿（1596-1650）也是哲学大师。（图片提供/维基百科）

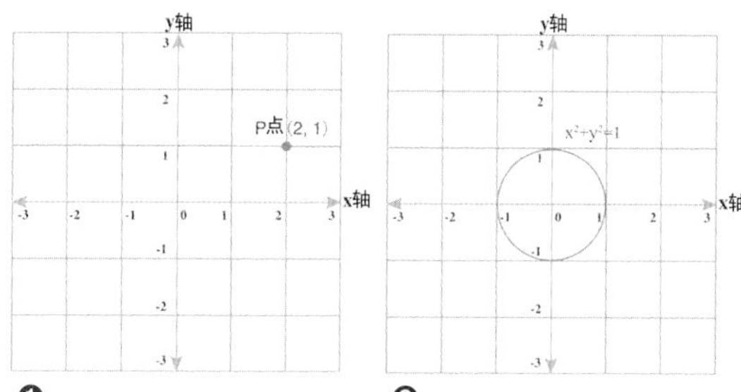

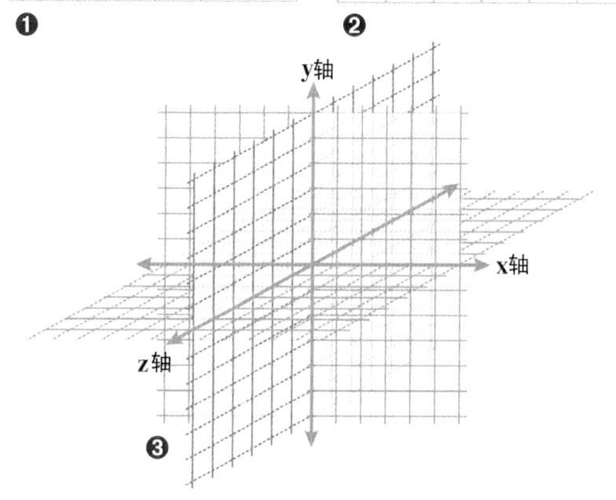

图❶为平面直角坐标。
图❷为将方程式以直角坐标表示。
图❸为立体直角坐标。（插画/施佳芬）

地图绘制也是一种坐标，经度像x坐标，纬度则像y坐标。（摄影/张君豪）

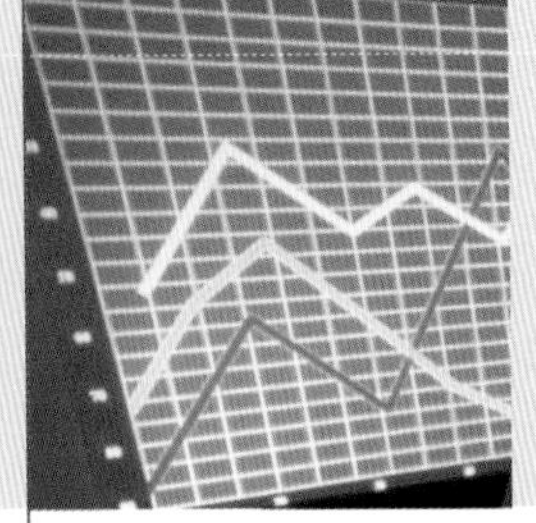

单元13

统计

（图片提供/达志影像）

统计学的英文源自拉丁文的“国会”，这意味着统计学最初是由政府机关所使用，例如人口普查等。统计的最主要目的，是从杂乱无章的资料中整理出有系统、有意义的信息，使我们更容易了解其中所含的意义，并根据它们做出有用的判断。

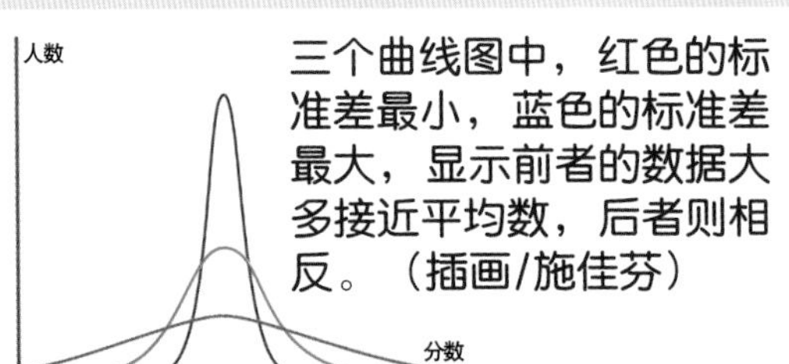

三个曲线图中，红色的标准差最小，蓝色的标准差最大，显示前者的数据大多接近平均数，后者则相反。（插画/施佳芬）

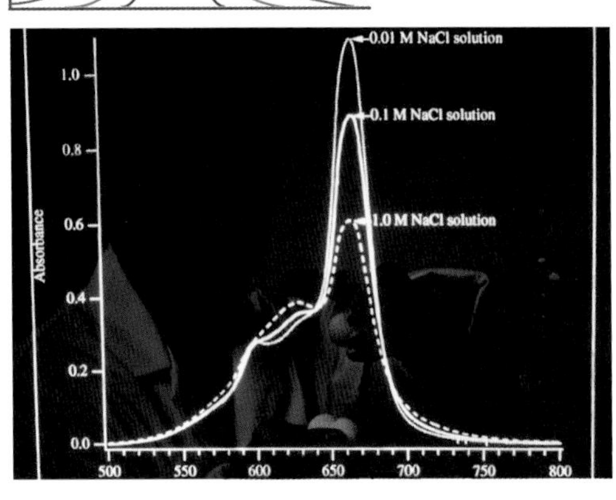

数据的统计使实验的结果更有说服力。（图片提供/达志影像）

统计量

统计量的主要功能，是针对庞大与繁杂的数据进行整理，使读者可以从中了解资料的信息。“平均数”、“中位数”和“众数”，便是用来描述数据资料的集中趋势或是最具代表性的值。以某班30位同学的数学成绩为例，平均数是将30位同学的分数总和，除以同学的人数；中位数是将30位同学的分数从小排到大，其中点即是中位数，有一半的分数比它小，有一半的分数比它大，但若分数的个数为偶数，中位数就是最中间两个分数的平均，例如1、2、3、4、5、6，中位数就是(3＋4)÷2＝3.5；众数则是出现次数最多的分数。

此外，如果是要描述这份资料距离平均值的离散程度，我们会用“标准差”。例如两班的数学成绩分别是{30，50，100，100}和{50，60，80，90}，其平均分数都是70，但后面的班级具有较小的标准差，分数较为集中，也就是学习成效比较平均。

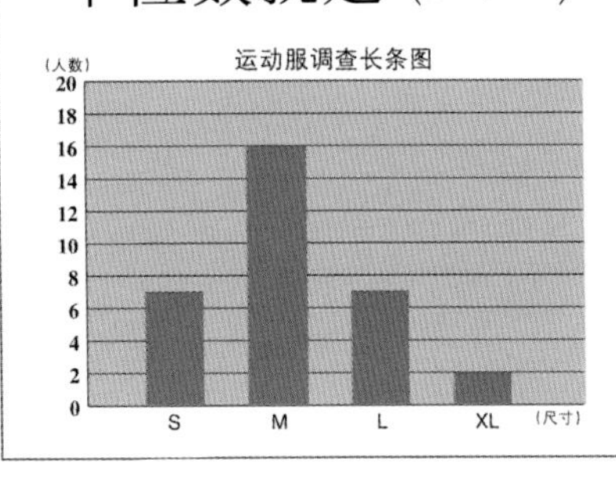

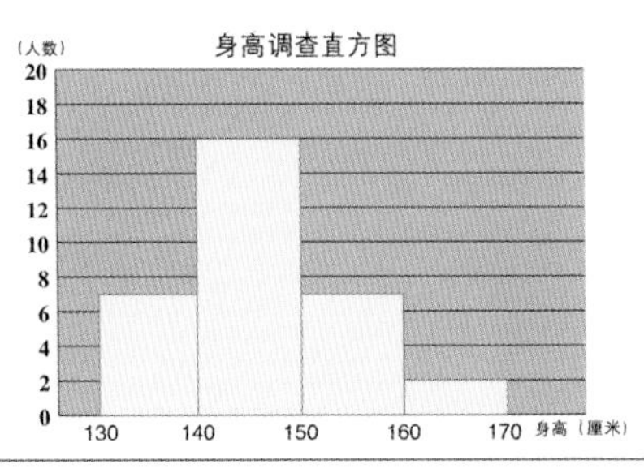

左图：某班级运动服调查以长条图绘制，因为尺寸属于分类，是离散型资料，长条间需有间隔。（插画/施佳芬）

右图：某班级身高调查以直方图绘制，因身高是连续型的资料，长条间没有空隙。

统计图

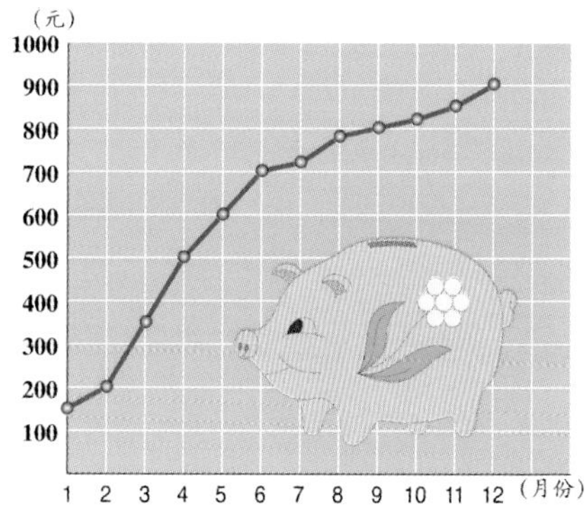

利用折线图，对于存款的变化，就可以一目了然，同时可以分析为什么有时候增加得较少。（插画/施佳芬）

统计量的优点是可以分析非常庞大的数据，统计图则有简明易读的优点。统计图常以直角坐标来表示，例如长条图、折线图和直方图等。长条图适用于“类别变项”的资料，例如比较男生和女生两种类别的身高，可看出两者间的大小关系；折线图可看出数量的变化情形，例如某人从1年级到6年级的身高变化；直方图适用于“次序变数”或“连续变数”，例如120—130厘米、130—140厘米。圆形图也是常用的统计图，适合用来呈现比例，如班上男生和女生的比例。

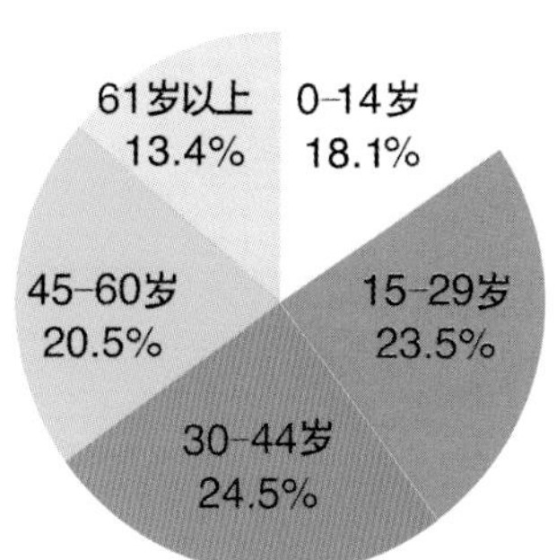

2006年台湾地区人口的年龄分布，从圆形图可看出30—44岁人数最多。（插画/施佳芬）

在企业的经营管理上，统计图可以运用于市场分析、业务成长等各项统计数字。（图片提供/达志影像）

统计数字的误解

平均数是用来诠释一份资料的集中趋势或是代表值，往往是各种报导中最常出现的统计量，例如2007年4月网络上出现了一则报导：荷兰人平均身高185.4厘米，全球最高。很可惜的是，一般的报导很少会特别解释数据资料，读者只能靠自己的常识去理解它们。

以上面这个新闻为例，它没有提到调查的对象是几岁、调查的样本数是多少，此外，依据荷兰中央统计局2000年的调查，大学男生的平均身高是181.8厘米，大学女生则是170.1厘米，由此推论，文中所谓荷兰人平均身高是185.4厘米，应是指“男生”的平均身高，否则女生不可能这么快由170.1厘米上升至185.4厘米。

从这个例子可知，具备良好的基本统计知识，可以帮助我们更容易理解生活中的统计信息。

单元14

概率

（扭蛋。摄影/张君豪）

法国数学家拉普拉斯曾在1812年发表的论文中提到："这门源自考虑赌博中机运的科学，必将成为人类知识中最重要的一部分。大部分生活中的最重要问题，将都只是概率的问题。"从现今的角度来看，拉普拉斯的说法的确得到了证实。

帕斯卡曾发明加法器、定出帕斯卡原理，他还与费玛奠定概率论基础。（图片提供/达志影像）

概率论的源起

据说1654年法国的贵族梅雷为了赌博求胜，向帕斯卡提出关于赌博丢骰子的问题；帕斯卡无法立刻回答，便写信去问费玛，自此展开两人间著名的通信。帕斯卡及费玛两位法国的大数学家对这种问题的兴趣，刺激了欧洲不少数学家也开始探讨类似的问题，进而开创了概率这门学问。

概率的概念

概率是在讨论人们对

天气预报中，降雨概率的高低，只是代表降雨可能性的高低，而非绝对性。（图片提供/达志影像）

概率只是代表发生的可能性，因此如果只丢6次骰子，未必每个点数都会出现1次。

于一些现象或事件的观察与预测，例如新闻中会播报明日的可能降雨概率，其中的概率就是一种指标，用来测量这种事件可能发生的程度有多大。

但是，概率代表的是一种可能性，并非绝对性，概率高，代表发生的可能性高；概率低，也只是代表发生的可能性低，并不意味必然不发生。以丢骰子为例，骰子共有6面，包含6种点数，在正常情况下，这个骰子有1/6的概率会出现1点，但这并非表示每丢6次，就一定刚好出现1次1点，只是有可能会发生。如果丢的次数增加，平均起来的结果会更接近1/6，这称为概率的“大数法则”。

决定乐透中奖号码的一种方法。每一颗号码球被摇出来的概率都是一样的。（图片提供/达志影像）

先抽先赢吗

在学校中，学生座位常以抽签决定，但对于抽签一事，却有许多人认为抽签的顺序不同将会影响中奖概率，例如先抽的人有较多的选择机会，所以先抽先赢。现在，让我们来分析这个问题，首先假设签桶中共有10支签，其中有一支中奖签，抽中的人可以先选座位，那么第一个人抽中的概率是1/10，而第二个人抽中的概率，应该要先考虑第一个人没抽中，然后自己抽中的概率（如果被第一个人抽中，第二个人也不用抽了），所以概率值是9/10×1/9=1/10，依然还是1/10，没有先抽先赢的问题。

扭蛋时，如果大家都想抽1号蛋，那么先抽和后抽的概率是一样的。例如30颗蛋中，1号蛋有3颗，第一个人抽中的概率 3/30，第二个人27/30×3/29＋3/30×2/29＝3/30，概率一样。（摄影/张君豪）

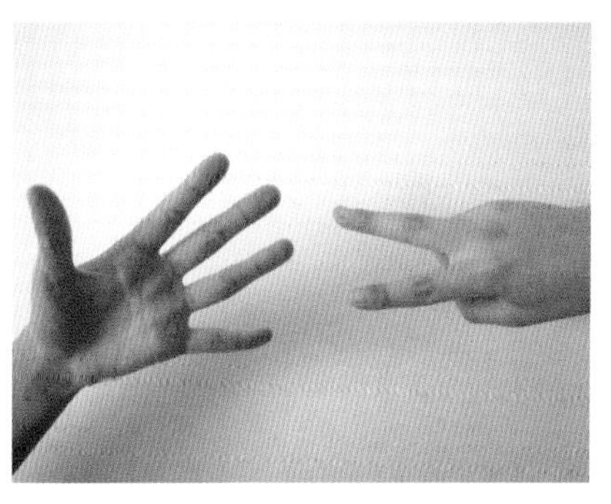
一对一猜拳时，无论自己出什么拳，对方回应的3种拳，概率分别是1/3，因此赢、输、平手的概率都是1/3。（摄影/张君豪）

英语关键词

数学 mathematics

定理 theorem

公理 postulate

定义 definition

解答 solution

证明 proof

逻辑 logic

数量 quantity

数系 number system

整数 integer

有理数 rational number

无理数 irrational number

阿拉伯数字 Arabic numerals

算盘 abacus

计算器 calculator

测量 measurement

单位 unit

长度 length

重量 weight

体积 volume

黄金比 golden ratio

黄金切割 golden section

数列 sequence

代数 algebra

方程式 equation

未知数 unknown

公式 formula

集合 set

元素 element

子集 subset

悖论 paradox

几何 geometry

多边形 polygon

三角形 triangle

正方形 square

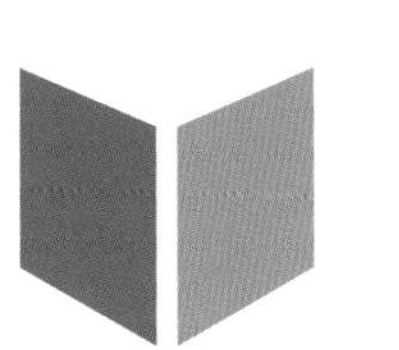

长方形 rectangle

六边形 hexagon

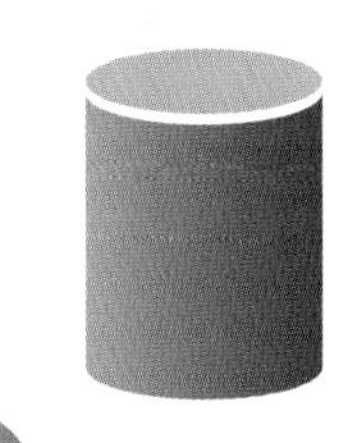

面积 area

柱体 cylinder

球体 sphere

锥体 pyramid

多面体 polyhedron

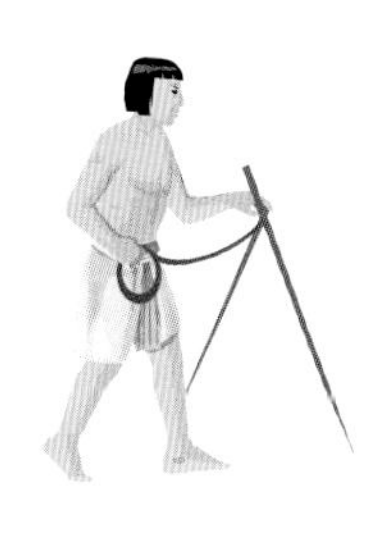

角度 angle

曲线 curve

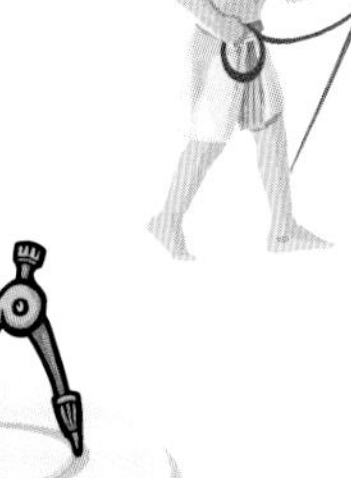

圆 circle

三角学 trigonometry

对称 symmetry

垂直 perpendicular

镜射 reflection

坐标 coordinate

轴 axis

解析几何 analytic geometry

统计 statistics

平均 mean

标准差 standard deviation

资料 data

图表 graph

概率 probability

欧几里得 Euclid

毕达哥拉斯 Pythagoras

阿基米德 Archimedes

纳皮尔 Napier

笛卡儿 Descartes

费玛 Fermat

帕斯卡 Pascal

高斯 Gauss

康托尔 Cantor

罗素 Russell

新视野学习单

1 关于数学的发展，下列叙述哪项是正确的？（单选题）

1.数学是人类发明文字之后才有的概念。

2.早期的数学偏重概率与统计。

3.演绎推理是现代数学发展的基础。

4.数学与科学没有关系。

（答案见06—07页）

2 关于数字起源的叙述，正确的画○，错误的画×。

（　）埃及文|||∩∩是表示23。

（　）数字系统中没有无理数。

（　）阿拉伯数字是阿拉伯人在公元前400年发明的。

（　）最早有书写数字的是苏美尔人。

（答案见08—09页）

3 请将左列的计算工具和适当的说明连接起来。

手指·	·人类最早的计算工具
算筹·	·春秋末年中国普遍使用的计算工具
沙盘·	·古希腊类似算盘的计算工具
计算尺·	·可以用来计算对数的科学计算工具

（答案见10—11页）

4 关于度量衡，下列叙述哪些是正确的？（多选题）

1.度是长短的标准、量是容量的标准。

2.腕尺是古代印度用来测量长度的标准物。

3.中国古代的度量衡是用算盘来作标准物。

4.目前国际通用的度量衡单位是公制。

（答案见12—13页）

5 关于黄金比例与对称的叙述，正确的画○，错误的画×。

（　）黄金比例是长：短＝全长：长。

（　）黄金矩形的边长比是0.618：1。

（　）斐波那契数列中相邻两个数字的比，会越来越接近黄金比。

（　）对称只出现在数学中，生活中见不到。

（答案见14—15，26—27页）

6 关于代数与集合，下列叙述哪些是正确的？（多选题）

1.代数是算术的延伸。
2.代数是解方程式的学问。
3.方程式中不包括未知数。
4.集合有助于厘清问题的范围。

（答案见16—19页）

7 下列物品分别属于什么图形，连连看。

金字塔· ·球体
露珠· ·四角锥
直尺· ·矩形
蜂巢· ·正六边形

（答案见20—23页）

8 关于几何测量，正确的画○，错误的画×。

（ ）几何测量有助于我们精确地描述各种图形。
（ ）测量的概念是以一个标准量为基础，算出未知量与标准量间的比。
（ ）毕氏定理是毕达哥拉斯首先发现的。
（ ）正方形的面积公式：底面积×高。

（答案见24—25页）

9 请将左列的统计名词和适当的叙述连接起来。

中位数· ·一半的观测值比它小，另一半的观测值比它大的数
众数· ·数据的总和除以数据的个数所得的数
标准差· ·数据资料中出现次数最多的数
平均数· ·描述这份资料距离中心值的离散程度

（答案见30—31页）

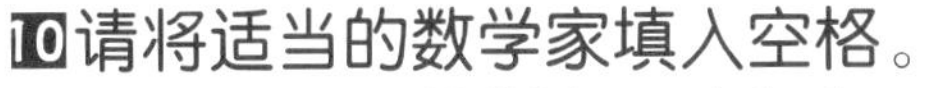

10 请将适当的数学家填入空格。

欧几里得、帕斯卡、康托尔、笛卡儿

__________发明机械自动运算的计算器，以及奠定概率论基础。
__________建立了集合的理论。
__________撰写《几何原本》，建立几何学的基础。
__________和费玛发明坐标。

（答案见11、18、20、28、32页）

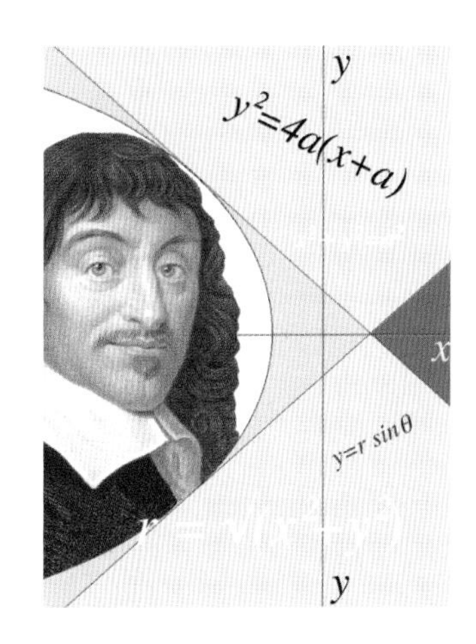

我想知道……

这里有30个有意思的问题，请你沿着格子前进，找出答案，你将会有意想不到的惊喜哦！

数学会科学之

P.07

罗马数字有什么特点?

P.09

什么是有理数、无理数?

P.09

不错哦，你已前进5格。送你一块亚洲金牌！

我们现在用的阿拉伯数字是谁发明的?

P.09

珠算盘是哪个国家发明的?

P.10

谁首先发明机器自动运算?

P.11

最早人为的长度标准物是什么?

P.12

现在对1米的定义为何?

P.13

获得欧洲金牌一枚，请继续加油！

哪个国家率先采用公制单位?

P.13

英尺的意是脚?

P.13

大洋牌。

蜂巢的构造是正六边形，它有什么优点?

P.27

海星属于哪种对称?

P.27

古希腊数学家泰利斯如何算出金字塔的高度?

P.25

太好了！你是不是觉得：Open a Book！Open the World！

为什么雨滴和泡泡会自然形成球体?

P.23

正多面体共有几种?

P.22

了，赢洲金

图书在版编目（CIP）数据

生活中的数学：大字版 / 林勇吉撰文．—北京：中国盲文出版社，2014.9
（新视野学习百科；46）
ISBN 978-7-5002-5385-3

Ⅰ．①生… Ⅱ．①林… Ⅲ．①数学—青少年读物
Ⅳ．①O1-49

中国版本图书馆 CIP 数据核字（2014）第 205957 号

原出版者：畅談國際文化事業股份有限公司
著作权合同登记号 图字：01-2014-2075 号

生活中的数学

撰　　文：林勇吉
审　　订：洪万生
责任编辑：戴皓宁
出版发行：中国盲文出版社
社　　址：北京市西城区太平街甲 6 号
邮政编码：100050
印　　刷：北京盛通印刷股份有限公司
经　　销：新华书店
开　　本：889×1194　1/16
字　　数：33 千字
印　　张：2.5
版　　次：2014 年 12 月第 1 版　2014 年 12 月第 1 次印刷
书　　号：ISBN 978-7-5002-5385-3 / O · 21
定　　价：16.00 元
销售热线：（010）83190288 83190292

绿色印刷　保护环境　爱护健康

亲爱的读者朋友：

本书已入选“北京市绿色印刷工程—优秀出版物绿色印刷示范项目”。它采用绿色印刷标准印制，在封底印有“绿色印刷产品”标志。

按照国家环境标准（HJ2503-2011）《环境标志产品技术要求 印刷 第一部分：平版印刷》，本书选用环保型纸张、油墨、胶水等原辅材料，生产过程注重节能减排，印刷产品符合人体健康要求。

选择绿色印刷图书，畅享环保健康阅读！

北京市绿色印刷工程